创客教育丛书
MAKER & EDUCATION

中国电子学会创客教育专家委员会　中国创客教育联盟　推荐

micro:bit 魔法修炼之
Mpython 初体验

■ 林嘉 杜涛 等 著

A Journey From Zero To Micro:bit

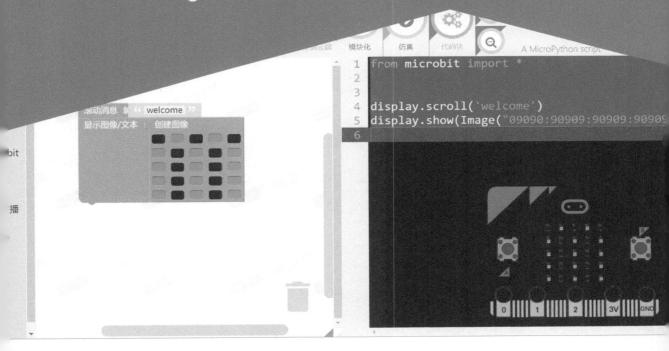

人民邮电出版社
北京

图书在版编目（CIP）数据

micro:bit魔法修炼之Mpython初体验 / 林嘉等　著
. -- 北京：人民邮电出版社，2018.7（2018.10重印）
（创客教育）
ISBN 978-7-115-48474-1

Ⅰ. ①m… Ⅱ. ①林… Ⅲ. ①可编程序计算器 Ⅳ.
①TP323

中国版本图书馆CIP数据核字(2018)第108224号

内 容 提 要

micro:bit 是一款由英国广播电视公司（BBC）推出的专为青少年编程教育设计的微型电脑开发板。青少年可以通过 micro:bit 参与创造性的硬件制作和软件编程，十分契合创客教育的初衷。

本书通过 8 个简单的趣味项目，结合实际操作环境，使学习者快速了解和上手操作，并能独立设计小应用。

本书结构合理、内容丰富、易学易教、注重趣味性与体验性，内容与形式符合小学高年级学生、初中学生的认知规律，适合青少年阅读。

◆ 著　　　　　林　嘉　杜　涛　等
责任编辑　周　明
责任印制　彭志环

◆ 人民邮电出版社出版发行　　北京市丰台区成寿寺路 11 号
邮编　100164　电子邮件　315@ptpress.com.cn
网址　http://www.ptpress.com.cn
北京虎彩文化传播有限公司印刷

◆ 开本：787×1092　1/16
印张：6　　　　　　　　　　2018 年 7 月第 1 版
字数：99 千字　　　　　　　2018 年 10 月北京第 3 次印刷

定价：55.00 元

读者服务热线：**(010)81055339**　印装质量热线：**(010)81055316**
反盗版热线：**(010)81055315**
广告经营许可证：京东工商广登字 20170147 号

序

近年来，在DIY文化与互联网结合的背景下，一种基于设计、制作、交流、分享、开源的文化理念的创客运动风潮席卷全球。创客们勇于创新、勤于实践、乐于分享的精神特质与新时代"做中学"的教育思想高度契合，创客运动因此引起教育界的高度关注。自2015年来，创客教育迅速在国内外中小学开展，许多中小学校相继建立起创客空间，以项目驱动学习。而创客项目活动离不开工具的使用，开源硬件因其便利的设计、丰富的元器件选择、开源的文化等特点，在创客教育中扮演着极其重要的角色。目前，以Arduino为主的开源硬件已经进入学校，成为创客教育的必备工具之一。除Arduino以外，BBC micro:bit因其良好的生态圈和便捷性迅速成为热门的开源硬件教学工具。

本书的作者大都长期在教学一线担任信息科技相关课程的教学工作，特别是林嘉、杜涛两位老师还是武汉市优秀创客导师和武汉创客教育讲师团成员。编写符合中小学校教学实际的创客教育书籍，不仅需要作者具备丰富的教学经验、创新热情和实践能力，还需要对创客教育领域发展前沿信息和相关理论有正确的把握和了解。正因为本书的作者们具备了上述条件，才有了《micro:bit魔法修炼之Mpython初体验》这本书的诞生。本书以micro:bit为硬件平台，介绍了8个生动有趣的编程项目，结构合理、内容丰富、易学易教、注重趣味性与体验性，内容与形式符合小学高年级学生、初中学生的认知规律。

创客教育的发展离不开创客工具和相关配套课程，广大创客导师编写符合国情、具有自主知识产权的高质量书籍对促进创客教育普惠发展具有十分重要的意义和价值。

雷刚

2018年1月

作者团队简介

林　嘉　男（汉族），1973年出生，湖北武汉人。高级讲师，计算机硕士。武汉市创客导师，武汉市东西湖区信息技术教研员，主要从事信息化推进、信息技术教研、创客教育、教师培训等工作，擅长与开源硬件相结合的编程与作品制作。

杜　涛　男（汉族），1981年出生，湖北武汉人。2004年本科毕业于江汉大学物理与信息工程学院。通过教育机器人的学习，逐渐进入创客领域，在开源硬件、3D打印等技术的学习中，逐步发现了创造与分享的乐趣。希望通过本书的编写，能和更多的青少年分享micro:bit的神奇。

蔡雅琴　女（汉族），1990年出生，湖北武汉人。2012年本科毕业于湖南师范大学教育科学学院教育技术学专业。同年于武汉市东西湖区金银湖中学任职信息技术教师，在校开展创客教育社团活动，始终坚信收获教育之果实，享受教育之甘甜。

王景松　男（汉族），1990年出生，湖北黄冈人。毕业于黄冈师范学院物理学专业。在校开展物联网、创客和航模科技社团活动。喜欢和学生一起解决活动中的各种难题。

刘　双　女（汉族），1992年出生，湖北随州人，硕士研究生，2016年毕业于华中师范大学教育信息技术学院。同年担任武汉市东西湖区万科西半岛小学信息技术教师，喜欢以孩子的视角去研究创客教育，从生活出发、从童心出发，研究"编程＋造物"。

贾　英　女（汉族），1991年出生，山东滨州人，现代教育技术硕士研究生，2017年毕业于华中师范大学教育信息技术学院。同年于武汉市东西湖区恋湖小学任职信息技术教师，爱好编程，致力于青少年编程教育和信息素养的培养。

冯　霞　女（汉族），1991年出生，山西临汾人，硕士研究生，2017年毕业于华中师范大学国家数字化学习工程技术研究中心。同年任职武汉市东西湖区吴家山第三小学信息技术教师。热爱创客教育，主要研究儿童编程、开源硬件。

主　编：林　嘉

副主编：杜　涛

编　委：蔡雅琴　王景松　刘　双　贾　英　冯　霞

本书出场人物介绍

老师：派森教授

7名同学：4名男同学、3名女同学。名字分别为：呆哥、杜帅、贾英雄、松松、菜菜、霞霞、悠悠。

派森教授

派森教授是本届新生的魔法导师，他经验丰富，善于启发学生自己探索。他拥有多种魔法技能，是一位能够传授不同魔法学科技能的教授。派森教授每次上课都抱着一摞魔法卡片，边走边思考。

呆 哥

学霸学长，旁人眼中的他总是一副沉思发呆的样子，因此人称呆哥。每当大家对题目迷惑不解时，他总是扶扶眼镜，拿起话筒开始滔滔不绝。一副标准的黑框眼镜捍卫着他学霸的地位。

杜 帅

成绩不差、心地善良、高冷傲娇，因为家人从小娇惯他，所以他有些毒舌，喜欢和大家对着干。他有一个小跟班松松。杜帅平时没少讽刺、嘲笑、欺负同学，特别是看不惯贾英雄和菜菜。是个让老师头疼的学生。

贾英雄

热情善良，成绩不错。开学时对MicroPython魔法术的熟练介绍惊艳全场，却因为名字让大家瞬间破功，哄堂大笑。听上去是一个"假英雄"，实际上是一个真英雄，经常帮助有困难的同学。

松 松

杜帅的小跟班，为人拘谨，喜欢附和杜帅，时常一起欺负同学，杜帅不在时，又是另一副做派，要和大家做好朋友，是典型的"墙头草"，但其实内心渴望获得所有人的认可。

菜 菜

对新鲜事物充满好奇，虽然只有三分钟热度，但她坚信自己总有一天会坚持下去。她有点小迷糊，在某些魔法科目上的修炼常常犯糊涂，因而惹得杜帅不快，总是刁难她，幸而有好闺蜜悠悠，才勉强在魔法学校快乐学习。

霞 霞

喜欢电影《大话西游》中紫霞仙子的女汉子，会背紫霞仙子的经典台词。为人豪迈大气，成绩中等。人生信条：没有什么是我做不到的！

悠 悠

菜菜的闺蜜，是热情、能干的学霸。父母常让她悠着点，但她总是风风火火，有些等不及、雷厉风行的做事风格时常让菜菜欣喜地崇拜一小会儿。

目录

魔法学校开学啦

"开学了，请各位同学前来领取你们的初级魔法micro:bit板（后文均简称为'bit板'）。"派森教授笑眯眯地说。

新生菜菜拼命伸长脖子跳着，想早点看到自己盼望已久的bit板。

旁边的杜帅一脸不屑："这么想表现，你干脆把自己放进去得了！"

菜菜一愣，有些委屈地撇撇嘴。

"好了，大家静一静，快看大屏幕！"人群中不知谁喊了一声。

只见眼前的大块黑板亮了起来，上面有好多同学的名字，派森教授双手一推，大黑板瞬间变成了无数个小板子飞向了同学们，同学们手里都有了一块神奇的小板子。

杜帅哼了一声："故弄玄虚。"

"咳咳，各位同学，这就是我们的初级魔法工具——bit板（见图0-1），也是我送给大家的开学礼物。它有一个洋气的英文名micro:bit，是一个可以塞进口袋随身携带的计算机。它可以通过地磁、运动、光电、温度等传感器来感知我们的世界，是我们连接现实世界和魔法世界的伟大工具。你们可以用bit板实现任何炫酷的小魔法，无论是机器人还是乐器，没有做不到，只有想不到。"

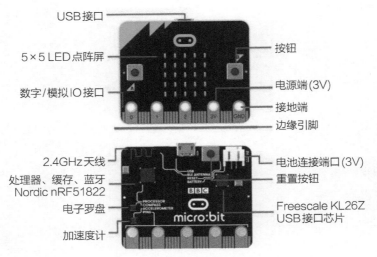

USB 接口
5×5 LED 点阵屏
数字/模拟 IO 接口
按钮
电源端(3V)
接地端
边缘引脚

2.4GHz 天线
处理器、缓存、蓝牙
Nordic nRF51822
电子罗盘
加速度计
电池连接端口(3V)
重置按钮
Freescale KL26Z
USB 接口芯片

图 0-1 micro:bit 说明图

"它是通过修习 MicroPython 之术来控制的，以后你们会经常和 MicroPython 打交道，祝大家好运！"

"MicroPython 是专门针对 bit 板的魔法编程工具，它通过积木式的图形组合来实现我们的小魔法，即使你对代码式的魔法语言一无所知，也不需要担心！"一个自信的声音响起。

"你叫什么名字？"

"贾英雄。"

"哈哈"，全班哄堂大笑，居然有人想当假英雄！

"看来你已经对 MicroPython 有了一定的了解，可以上来给大家讲一讲吗？"

贾英雄红了下脸，点点头："给大家看看我修炼的第一个小魔法——显示 m（见图 0-2）。"

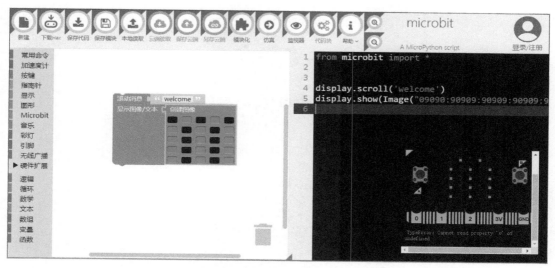

图 0-2　MicroPython 编程界面

"我需要一根线来连接我的电脑和bit板！"

派森教授找了找，拿出一根一头大一头小的线递给贾英雄（见图0-3）。

图 0-3　数据连接线

贾英雄接过来看了看，将小的一头插入bit板，大的一头插入自己的电脑，魔法bit板亮起了温馨的黄光，大家一下子被吸引住了，全都聚精会神地盯着贾英雄的屏幕。

贾英雄单击图标I，说道："单击图标I可以将程序下载到bit板，我们的bit板在电脑的这个位置（见图0-4）。"

图标 1

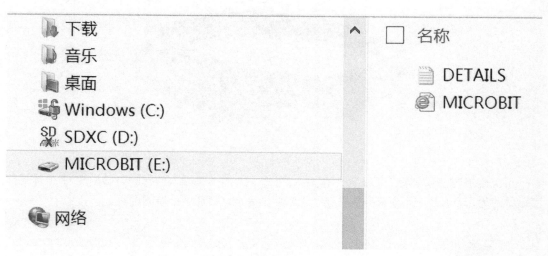

图 0-4　bit 板位置

"选中电脑中的 MICROBIT，将程序保存在里面就可以了（见图 0-5）！"完成上一步后黄灯忽闪着。

图 0-5　存储设备

"快看，bit板有显示了（见图0-6），好快啊！"大家嚷嚷着。

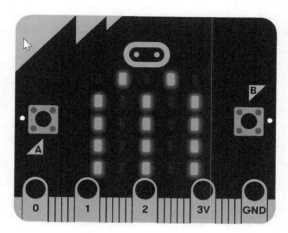

图 0-6　程序效果图

派森教授神秘地一笑，片刻宁静后，学习开始了！

"如果想正式成为 bit 魔法学校的一员，必须把你的信息输入到我们学校的 bit 魔法库，这是开学的第一课，也是大家能不能成为一名魔法修炼者的第一个考验。"

"好啊好啊，悠悠我们一起去吧，现在就去。"菜菜已经迫不及待了。

"哼，你会吗？就知道瞎积极。"杜帅冷眼嘲笑道。

"bit 魔法库只能识别 bit 板上的信息，要想将个人信息输入到魔法库，必须要把个人信息输入到 bit 板中并让它显示出来。"

"那怎么办呢？我不会啊。"菜菜傻傻地看着悠悠。

"别着急，我会给你们每个人 5 张魔法卡片，它们会帮你们完成任务的！"

魔法技能

1. 了解MicroPython编程界面，学会点亮bit板的 LED显示屏；

2. 学会使用MicroPython中"一直重复""滚动消息""显示图像"的编程模块；

3. 认识顺序结构的程序设计。

魔法修炼

认识魔法卡片

图 1-1　重复模块

图 1-2　显示图像/文本模块

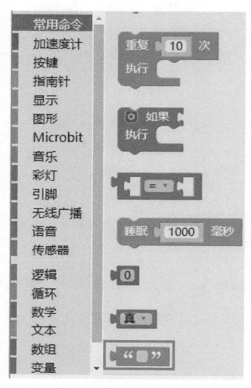

图 1-3　空字符串模块

图 1-4　滚动消息模块

表1-1　图1-1～图1-4中各模块的功能

模块	功能
重复 10 次 执行	"重复N次"魔法卡能让你的信息多次显示，你可以自己设置显示的次数
一直重复 执行	"一直重复"魔法卡可以使你的程序循环往复地执行
显示图像/文本　内置图像 心形 ▾	"显示图像/文本"魔法卡可以把文本或图像显示在bit板的LED中，魔法卡中内置了许多图像，单击右侧的下拉列表就能进行选择；此魔法卡还可以与图像绘制魔法卡相结合来显示你自己绘制的图像
" "	"字符串"魔法卡可以在bit板上显示信息
滚动消息 " Hello, World! "	"滚动消息"魔法卡可以使信息在bit板的LED显示屏中滚动显示一次

闯关一：显示基本信息

"你的个人信息中最重要的就是你的名字，现在你们需要用魔法卡片把自己的名字和年龄显示在bit板上！"

想一想：

菜菜看着派森教授发给自己的5张魔法卡片，能显示自己名字信息的卡片有"显示图像/文本"魔法卡、"字符串"魔法卡和"滚动消息"魔法卡！想到这里，菜菜自信地说："我先试试'显示图像/文本'魔法卡和'字符串'魔法卡吧！"

试一试：

表1-2　显示文本程序

程序	说明
显示图像/文本　" CAI CAI 11 "	bit板上显示"CAI CAI 1"

菜菜看着自己的bit板,烦恼地望着悠悠:"怎么办呢?我是11岁不是1岁啊!"

"试试'滚动消息'魔法卡呀,笨蛋!"

"'显示图像/文本'魔法卡在显示单个连续重复出现的字母或数字时,无法分清显示了多少次。"

表1-3　显示文本程序

滚动消息 " CAI CAI 11 "	可以使bit板的LED显示屏中滚动显示"CAI CAI 11"

秀一秀:

菜菜开心地欢呼:"成功啦!成功啦!"

闯关二:显示图像

"先不要急着开心,只向魔法库输入名字和年龄是不够的,因为有时会存在重名的现象,所以还必须要把能够代表你的图像输入到魔法库中,要在bit板上显示专属于你的图像哦。"

想一想：

菜菜想了想说："在今天收到的魔法卡中，能显示图像功能的只有'显示图像/文本'魔法卡啦！"

试一试：

表1-4　显示文本图像程序

滚动消息模块能让LED显示屏中滚动显示"CAI CAI 11"，显示图像/文本模块能让LED显示屏中显示蝴蝶的图像，这个顺序结构的程序设计实现的功能是：先滚动显示"CAI CAI 11"，再显示蝴蝶图像

秀一秀：

菜菜和悠悠兴奋地说："哈哈，太棒了，我们可以去魔法库报到啦！"

闯关三：重复显示

"前面的程序只能使名字和图像在bit板中显示一次，bit魔法库只能识别多次显示的信息，怎样才能让你的信息多次显示呢？闯过这一关你就可以去bit魔法库报到了，加油！"

想一想：

菜菜想，今天的魔法卡中有一张"重复N次"的功能，加上这张魔法卡是不是就可以实现多次显示了呢？让我来试一试！

试一试：

表1-5　重复显示程序

显示屏中会重复滚动显示消息"CAI CAI 11"和蝴蝶的图像3次

菜菜兴奋地对悠悠说:"看,我成功了,我的信息在bit板中显示了3次!"

悠悠一脸不屑的表情:"你看,我的可以一直显示哦。"

表1-6　无限次重复显示程序

一直重复 执行 滚动消息 " CAI CAI 11 " 显示图像/文本 内置图像 蝴蝶	显示屏中会一直重复显示消息"CA ICAI 11"和蝴蝶的图像

"你用了'一直重复'魔法卡,算你厉害!"

"'重复'魔法卡可以让你的信息显示有限的次数,而'一直重复'魔法卡却可以让你的程序重复执行,直到关机为止。"

秀一秀:

我们可以去魔法库报到啦!

魔法积累

我学到了_____

_____

派森教授有话说

制作过程中你碰到了什么困难：

_____

_____

_____

你是怎么解决的：

_____

_____

你对自己的评价：

例子都做会了吗？	我还能做出点更好玩的吗？	分享我的作品是否讲清楚了？	帮助别的小朋友了吗？	和别的小朋友合作了吗？
☆ ☆ ☆ ☆ ☆	☆ ☆ ☆ ☆ ☆	☆ ☆ ☆ ☆ ☆	☆ ☆ ☆ ☆ ☆	☆ ☆ ☆ ☆ ☆

下章剧透

"萤火虫好漂亮啊！它们是田野里的小精灵，可惜我都没有看到过，我们暑假一起去找萤火虫吧！"

"好哇，会发光的昆虫，好奇妙啊！我们怎么去找呢？"

"昆虫都是有趋光性的，我们可以利用这一点来试试吸引萤火虫。"

魔法技能

1. 控制各个位置LED的亮或灭；

2. 控制任意一个位置LED的亮度；

3. 用睡眠模块控制LED亮和灭的时间；

4. 使用循环简化程序；

5. 学会使用清除模块。

魔法修炼

认识魔法卡片

图 2-1　显示单个 LED 与清除模块

图 2-2 睡眠模块

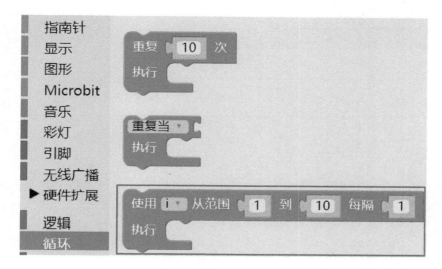

图 2-3 有限循环模块

图 2-4 变量模块

表2-1　图2-1～图2-4中各模块的功能

设置第 `0` 列 `0` 行 LED 的亮度到 `9`	此魔法卡可以设置各个LED的亮度
清除显示内容	此魔法卡可以熄灭所有的LED
睡眠 `1000` 毫秒	此魔法卡可以使bit板在一定时间内保持同一个状态
使用 `i` 从范围 `1` 到 `10` 每隔 `1` 执行	循环魔法卡，i的值从1到10，每次增加1，依次为1、2、3、4、5、6、7、8、9、10
`i`	变量i

"bit板上有25个LED，每个都有特定的代号，而且每个LED都能发出不同亮度（0～9）的光，数字越大，代表亮度越大。"

闯关一：萤火虫，你过来

设想利用昆虫的趋光性来吸引萤火虫，一起点亮bit板吧！

想一想：

"我们先让bit板的第1列亮起来，需要注意的是，在bit板的世界里它被称为'第0列'！"

试一试：

"不就是发光嘛，简单！"

表2-2 点亮单个LED

	设置第0列中5个灯的亮度，由暗变亮

秀一秀：

"你们都弱爆了！看看我的0、1、2、3、4列都亮了，哈哈哈！"

闯关二：欢迎你，萤火虫

我们设计一个动态的灯光效果，来欢迎萤火虫吧！

想一想：

"如果用bit板的第一行去模拟，就是第一个灯亮，然后熄灭；接着第二个灯亮，然后熄灭，再接着第三个灯亮，然后熄灭；第四个灯亮，熄灭；第五个灯亮，熄灭。如此循环往复。"

试一试：

"霞霞，我们快去试试吧。"

表2-3　动态灯光程序图

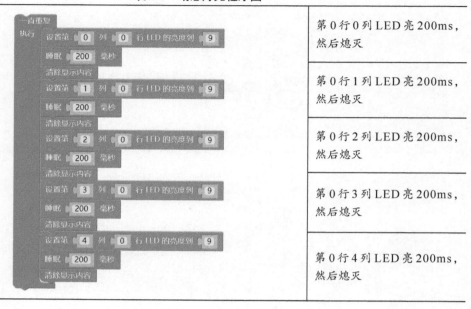

	第0行0列LED亮200ms，然后熄灭
	第0行1列LED亮200ms，然后熄灭
	第0行2列LED亮200ms，然后熄灭
	第0行3列LED亮200ms，然后熄灭
	第0行4列LED亮200ms，然后熄灭

秀一秀：

"我设置灯的熄灭，没有使用'清除显示内容'模块，而是将灯的亮度变为0，想不到吧！"

闯关三：萤火虫

"为什么我们在田野里等了这么久，都没有一只萤火虫过来呢？"

"霞霞，恐怕我们难以看到萤火虫了。萤火虫是一种对生存环境要求非常挑剔的昆虫，现在由于人类活动区域不断扩张，污染了萤火虫原本就比较狭小的生存空间。它们现在的生存很艰难了，所以就很少见啦。"

"别难过，我们一起尝试做出萤火虫的效果，呼吁大家一起保护环境，以后就能看到萤火虫了。"

想一想：

"萤火虫发光是有特点的，它们是先亮，然后再慢慢变暗，直至熄灭，如此循环往复，我们先在'第0列0行'的LED上实现这种效果。"

试一试：

"菜菜，这么难，你会做吗？"

表2-4　亮度变化程序图1

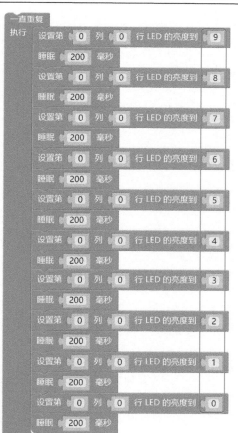

第0列0行的LED，亮度由9变暗，直至为0，完全熄灭

"悠悠，这么多，我都昏了怎么办，有简单点的方法吗？"

表2-5 亮度变化程序图2

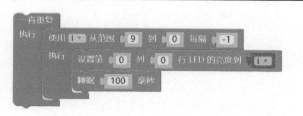

	将i设置为9到0，每次减少1
	将0列0行LED的亮度设置为变量i

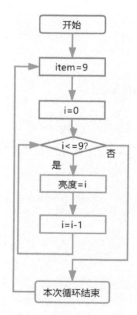

图 2-5 循环结构流程图

秀一秀：

"哇，一下简便了好多啊，我还可以把其他LED也变成更多的萤火虫！"

魔法积累

我学到了_____

_____

派森教授有话说

制作过程中你碰到了什么困难:

_____

_____

_____

你是怎么解决的:

_____

_____

你对自己的评价:

例子都做会了吗?	我还能做出点更好玩的吗?	分享我的作品是否讲清楚了?	帮助别的小朋友了吗?	和别的小朋友合作了吗?
☆ ☆ ☆ ☆ ☆	☆ ☆ ☆ ☆ ☆	☆ ☆ ☆ ☆ ☆	☆ ☆ ☆ ☆ ☆	☆ ☆ ☆ ☆ ☆

下章剧透

"上次课的灯光和萤火虫好难啊!尤其是萤火虫,我到最后都没明白!"

"我也是。"

"本帅也是。"

"跟着我左手右手一个慢动作，右手左手慢动作重播。"大家瞬间被派森教授播放的视频吸引了，不由自主地跟唱了起来。

派森教授神秘一笑："同学们，今天请你们跟着我左手右手一个慢动作，动动手指，忘掉学习路上的不快乐，让自己的手指疯狂起来吧！"

第三章 手指也疯狂

魔法技能

1. 知道3张按键魔法卡："已经按下""曾经按下""按下过的次数"的使用方法；

2. 学会用选择结构语句"如果……执行……；否则如果……，执行……"在不同条件下执行不同的指令。

魔法修炼

认识魔法卡片

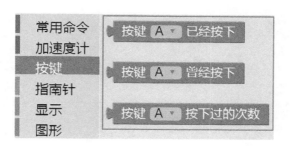

图 3-1　按键模块

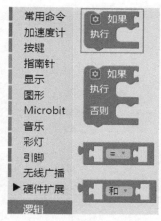

图 3-2　条件模块

表 3-1　图 3-1、图 3-2 中各模块的功能

按键 A 已经按下	"按键控制"魔法卡，按键 A 已经被按下，还没有被松开
按键 A 曾经按下	"按键控制"魔法卡，按键 A 被按下并被松开
按键 A 按下过的次数	"按键控制"魔法卡，按键 A 被按下过的次数
如果 执行	"条件选择"魔法卡，判断条件满足时，就执行语句

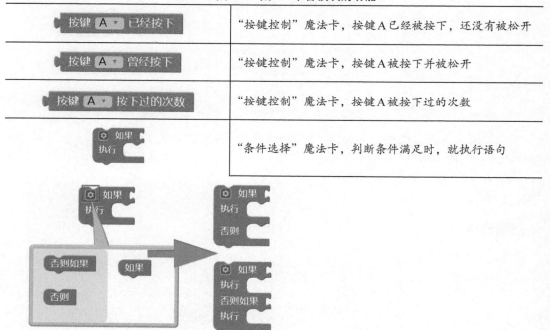

选择结构语句：
选择在我们的身边无处不在，今天外出：如果下雨了，就带伞；没有下雨就不带伞。判断条件是"下雨了吗？"，影响的结果是带不带伞。

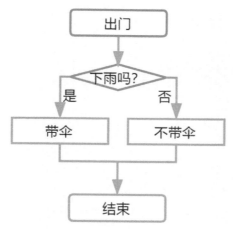

图 3-3　选择结构流程图

闯关一：数字动物园

"大家都喜欢各种小动物，平时只有到动物园才能看到各种动物，今天我们在教室里能不能通过按不同的按键来召唤可爱的魔法小动物呢？"

想一想：

"'如果……执行……'这个模块的功能好多啊！"

试一试：

"别着急，我们来试试这几个例子，就都能弄明白了！"

表 3-2　按键程序图

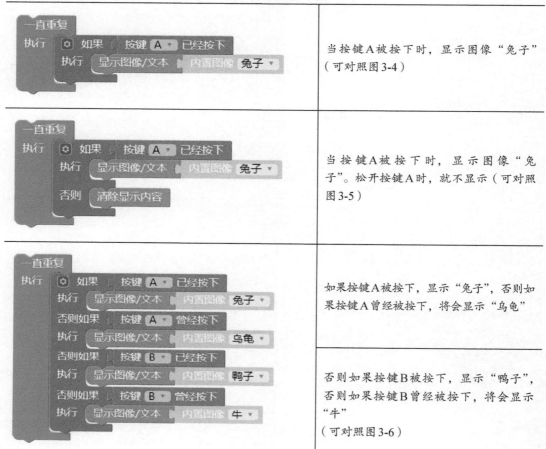	当按键A被按下时，显示图像"兔子"（可对照图3-4）
	当按键A被按下时，显示图像"兔子"。松开按键A时，就不显示（可对照图3-5）
	如果按键A被按下，显示"兔子"，否则如果按键A曾经被按下，将会显示"乌龟"
	否则如果按键B被按下，显示"鸭子"，否则如果按键B曾经被按下，将会显示"牛"（可对照图3-6）

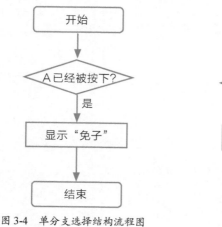

图 3-4　单分支选择结构流程图

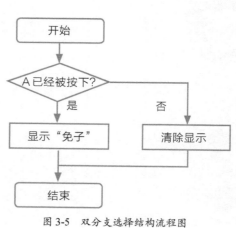

图 3-5　双分支选择结构流程图

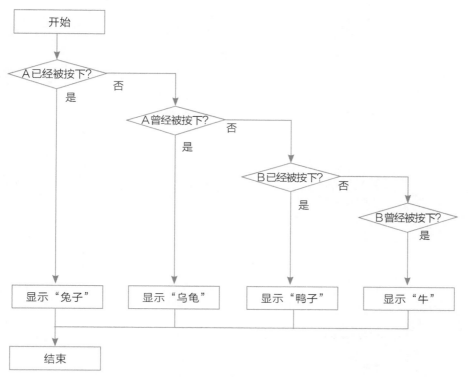

图 3-6　多分支选择结构流程图

秀一秀：

"好像有点明白了！教授这么一讲，我也可以做出来了。"

闯关二：手指也疯狂

"本人按键的速度飞快，谁敢和本人比一比？"

"来呀，比比呗，谁输了，谁就要打扫一个星期的卫生，哈哈。"

想一想：

"我有个好办法，能知道你们1秒按多少次！"

试一试：

"太好了，下周有人帮我打扫卫生了，哈哈哈！"

表 3-3　手指也疯狂

睡眠 1000 毫秒 滚动消息 ⚙ 建立字符串 使用 按键 A 按下过的次数	睡眠1s，显示按下按键A的次数

秀一秀：

"杜帅，输了吧，服不服？不服按下bit板后面的那个键，就可以再来一次，杜帅，再输了可不要哭啊！"

闯关三：抢答器

"这不算，有本事跟我比谁反应得快！"

"哼，刚刚都输了，还要比，这次你要是输了，可就要打扫两个星期的卫生了！"

想一想：

 "bit板上有两个按键，你们一人控制一个按键，看看谁反应得更快。"

试一试：

 "你们快点吧，下下周的卫生也有人帮我打扫了，哈哈！"

表3-4　抢答器

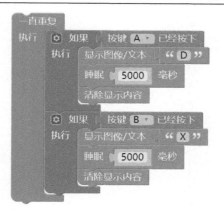

如果按键A被按下
显示文本"D"
延迟5s
清除显示内容
如果按键B被按下
显示文本"X"
延迟5s
清除显示内容

秀一秀：

 "我要打扫两个星期的卫生了，我不……"

魔法积累

我学到了 _____

_____

派森教授有话说

制作过程中你碰到了什么困难:

_____

_____

_____

你是怎么解决的:

_____

_____

你对自己的评价:

例子都做会了吗?	我还能做出点更好玩的吗?	分享我的作品是否讲清楚了?	帮助别的小朋友了吗?	和别的小朋友合作了吗?
☆☆☆☆☆	☆☆☆☆☆	☆☆☆☆☆	☆☆☆☆☆	☆☆☆☆☆

下章剧透

"啦啦啦,体育课!"菜菜兴奋地喊着,另一边杜帅在远处冷冷地望着。

"听说学校要举行课间操比赛呢!" 松松小声说道,内心想着做体侧运动时被值日生批评的事情。

"就你话多。"

"同学们,好消息,明天学校举行课间操比赛,今天我们先来复习复习课间操的动作,尽量做得规范点,然后再做个不一样的小游戏来锻炼我们的平衡机能。"

"耶!" 大家兴奋地欢呼着,唯独松松心有余悸似的,脸上故意装出特别淡定的表情。

第四章 玩转平衡术

魔法技能

1. 了解加速度传感器的原理，并能加以运用；

2. 学会同时添加多个变量，并合理应用；

3. 学会合理使用逻辑"与"。

魔法修炼

认识魔法卡片

图4-1　加速度计模块

表4-1　图4-1中各模块的功能

加速度计 X 轴	"X轴加速度"魔法卡，通过该魔法卡可以获取X轴的传感器数据
加速度计 Y 轴	"Y轴加速度"魔法卡，通过该魔法卡可以获取Y轴的传感器数据

"陀螺仪是一种用于测量角度以及维持方向的仪器，基于角动量守恒原理工作。我们来看看陀螺仪的动态原理图，中间金色的那个转子是我们的'陀螺'，它因为惯性作用是不会受到影响的，而周边3个'钢圈'则会因为设备改变姿态而跟着改变，通过这样来检测设备当前的状态。而这3个"钢圈"所在的轴，也就是我们三轴陀螺仪里面的"三轴"，即x轴、y轴、z轴。3个轴围成的立体空间联合检测物体的各种动作，陀螺仪最主要的作用在于测量角速度。"

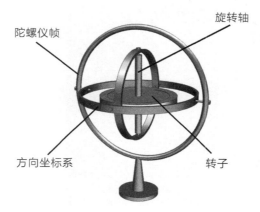

图 4-2　陀螺仪结构图

闯关一：平衡设备设计

　　兴奋未过，教授喊来菜菜，让她给bit板添加一项新技能，用来监测同学们做操的动作是否标准，有没有偷懒的情况。

想一想：

"bit板？做操？有联系吗？利用什么技能能将它们联系在一起呢？"

"说你菜，你还真是一把青菜，哈哈哈，你就不知道给bit板增加平衡技能，用加速度计来反馈做操时某些部位的变化？"

试一试：

"菜菜，我们可以尝试用前面学到的滚动消息来显示出加速度计每个轴反馈的数据，再进一步进行调试！"

表4-2　加速度计显示数据

	添加变量n，存储加速度计X轴的值
	滚动显示n
	延时200ms

秀一秀：

"运行程序后，我们先将bit板放平，然后使右端缓缓向下，看看移动过程中，加速度计X轴的数据是多少，同理我们再对比左端下移后的数据。"

闯关二：我们一起来做操

经过贾英雄的指点，菜菜发现可以用bit板反馈X轴的角度变化，那下一步如何完成教授的任务呢？

想一想：

"就像课间操中的体侧运动，手臂打开时，呈水平放置，如果做操标准，两臂的摆动角度就大；相反，偷懒的同学，手臂摆动幅度一定会小一些。这样是不是就可以将角度的变化同bit板结合起来了？"

试一试：

"菜菜，就是这个道理，要不我们点亮bit板中间的灯，然后绑定在我们肩膀上。做操时，例如体侧运动这节，动作到位，中间的点滑到两边点阵的边缘，如果动作不到位，点只会向左或向右偏一格。"

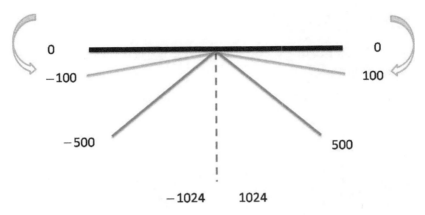

图 4-3　做操程序角度变化图例

表4-3　体操平衡仪1

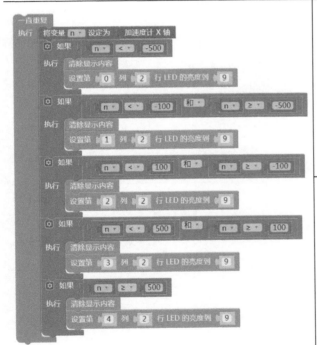	添加变量n，存储加速度计 X 轴的值
	如果n在−100到100之间，清除之前的显示，点亮最中间的灯，亮度为9（其他范围同理）

秀一秀：

"贾同学，你不愧是我们的英雄，我试了一下，左右摆弄bit板，它就真的摇晃起来了。但是，如果还要它能监测y轴，我又如何是好呢？"

闯关三：平衡游戏玩起来

派森教授似乎是听到了菜菜和贾英雄的对话，把同学们叫到身边，给大家介绍一个新的游戏——头顶bit板走平衡木。

想一想：

"同学们，想一想，生活中走平衡木，表演者都是拿一根长杆保持平衡，那我们这里主要是想利用bit板测试大家的平衡能力，是不是要在两个方向上去监测呢？这也正好是菜菜的问题吧？"

试一试：

"教授我明白您的意思了，当我们走上平衡木后，如果身体左右、前后倾斜，头上的bit板也能做出对应的反馈，对吧！"

表4-4　体操平衡仪2

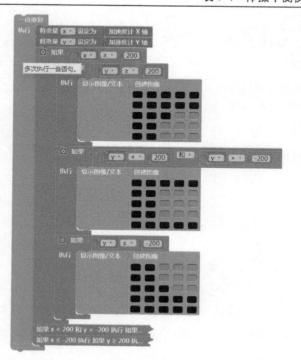

	添加变量x、y，分别存储加速度计 X 轴、Y 轴的值
	如果x≥200，y的三种取值范围及显示的图形
	后面关于x的两种取值判断程序块暂时折叠。

表4-5　体操平衡仪3

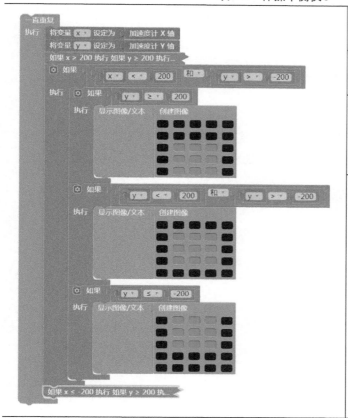	添加变量x、y，分别存储加速度计X轴、Y轴的值
	第一条件，x≥200，y的三种取值范围程序块已折叠起来
	如果-200＜x＜200，y的三种取值范围及显示的图形
	第三块如果x≤-200，再分别考虑y的三种取值范围

秀一秀：

"大家来评价一下我的程序，给板子中间加了一摊水（点亮几盏LED），然后你的头往哪偏，水就流向哪边了。"

魔法积累

我学到了_____

派森教授有话说

制作过程中你碰到了什么困难：

_____

_____

_____

你是怎么解决的：

_____

_____

你对自己的评价：

例子都做会了吗？	我还能做出点更好玩的吗？	分享我的作品是否讲清楚了？	帮助别的小朋友了吗？	和别的小朋友合作了吗？
☆ ☆ ☆ ☆ ☆	☆ ☆ ☆ ☆ ☆	☆ ☆ ☆ ☆ ☆	☆ ☆ ☆ ☆ ☆	☆ ☆ ☆ ☆ ☆

○∙∙∙∙∙∙∙∙∙∙∙∙∙∙∙∙○ 下章剧透 ○∙∙∙∙∙∙∙∙∙∙∙∙∙∙∙∙○

"手心，手背。"菜菜、霞霞两个人正在玩着猜手心手背的游戏。

"看这是谁丢的 bit 板？"杜帅一旁飘过，扮着鬼脸冲她们喊道。

"你还给我！"菜菜回头一看就发现杜帅手里正拿着自己的金色bit板。"什么时候跑到杜帅手里了？"菜菜一边想一边伸手向杜帅手中的bit板抓去。

杜帅一闪身躲了过去，扬着手上的bit板得意地往教室外跑去，"扑通"一下撞到正在进教室的派森教授身上。"小·杜同学、菜菜同学你们俩在干嘛？不要打打闹闹的，这要是打坏了瓶瓶罐罐、花花草草怎么办？我知道你们在闹矛盾，有什么能逃过老师那敏锐的目光？我今天教大家一个骰子魔法，以后有什么解不开的矛盾就用骰子来搞定它吧。"

第五章
骰子摇起来

魔法技能

1. 能区别"发生手势"魔法卡和"发生过手势"魔法卡；

2. 会使用"自定义图形"魔法卡；

3. 理解随机数的概念并使用随机数。

魔法修炼

认识魔法卡片

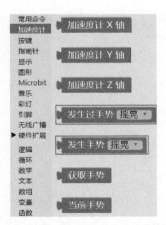

图 5-1 加速度计——发生（过）手势摇晃

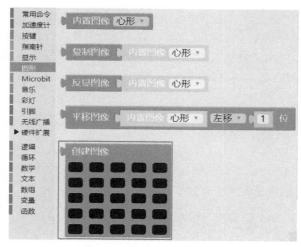

图 5-2 显示——创建图像

图 5-3 数学——随机数

表5-1 图5-1~图5-3中各模块的功能

发生过手势 摇晃	"检测手势"魔法卡，已经摇晃过bit板
发生手势 摇晃	"检测手势"魔法卡，正在摇晃bit板
显示图像/文本 内置图像 心形	"显示图像"魔法卡，在bit板上显示你想要显示的图像
创建图像	"自定义图像"魔法卡
从 1 到 6 之间的随机整数	"随机数"魔法卡，获取1~6的一个整数

"一块小小的micro:bit板如何能调整心情呢，如何做骰子游戏呢？原来在micro:bit板上自带一种传感器，它可以检测到摇晃、上下左右倾斜、朝上朝下等动作。"

闯关一：摇一摇更高兴

杜帅拿走了菜菜的bit板，菜菜有点不高兴，这时候杜帅为了哄菜菜高兴，想摇晃一下bit板显示高兴图。怎样才能实现不摇显示伤心图，摇一下显示高兴图？

想一想：

霞霞猜想摇晃bit板需要用到哪些模块呢？

试一试：

杜帅大显身手了。

表5-2　摇一摇更高兴程序代码

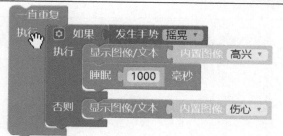

摇晃bit板显示高兴图，显示1000ms；不摇晃则显示伤心图

秀一秀：

现在杜帅给菜菜秀一秀他的成果，bit板显示高兴图了。

闯关二：骰子游戏

看到bit板如此好玩，菜菜迫切地想拿回自己的bit板。菜菜和杜帅玩骰子游戏，如果摇晃出6这个数字，杜帅就把bit板还给菜菜。

想一想：

摇晃可以像掷骰子那样摇出一个数字吗？每摇一下显示一个1~6的随机数？什么是随机数呢？"发生手势"和"发生过手势"有什么区别？

试一试：

菜菜迫不及待地试一试了。

表5-3　骰子游戏程序代码

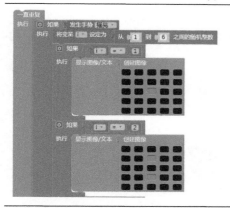	如果摇晃bit板，则将1~6的随机数并赋值给变量i
	如果i=1，则显示自定义图形：1个LED亮
	如果i=2，则显示自定义图形：2个LED亮
	如果i=3，则显示自定义图形：3个LED亮
	如果i=4，则显示自定义图形：4个LED亮

续表

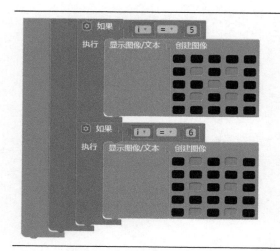	如果i=5，则显示自定义图形：5个LED亮
	如果i=6，则显示自定义图形：6个LED亮

"随机数：1~6的随机数取值有：1、2、3、4、5、6。"

秀一秀：

哇！菜菜运气真好，摇到数字6了，杜帅不得不将bit板还给菜菜了。

闯关三：魔法变变变

菜菜拿到bit板很高兴，对bit板更感兴趣了，特别想知道bit板还能做些什么。

想一想：

"菜菜你知道bit板向左、右、上、下倾斜会产生什么效果吗？bit板朝上、朝下呢？"

试一试：

菜菜高兴极了，可以魔法变变变了。

表5-4　魔法变变变程序代码

一直重复 执行　如果　发生手势 上 　　执行　显示图像/文本　内置图像 箭头-北 　　如果　发生手势 下 　　执行　显示图像/文本　内置图像 箭头-南 　　如果　发生手势 左 　　执行　显示图像/文本　内置图像 箭头-西 　　如果　发生手势 右 　　执行　显示图像/文本　内置图像 箭头-东 　　如果　发生手势 朝上 　　执行　显示图像/文本　内置图像 圣诞树 　　如果　发生手势 朝下 　　执行　显示图像/文本　内置图像 吃豆人	如果bit板的USB口向上，则显示箭头-北
	如果bit板的USB口向下，则显示箭头-南
	如果bit板的USB口向左，则显示箭头-西
	如果bit板的USB口向右，则显示箭头-东
	如果bit板正面朝上，则显示圣诞树
	如果bit板正面朝下，则显示吃豆人

秀一秀：

"效果正好"，bit板以后可以当指南针使用了。

魔法积累

我学到了_____

_____

派森教授有话说

制作过程中你碰到了什么困难：

_____

_____

_____

你是怎么解决的：

_____

_____

你对自己的评价：

例子都做会了吗？	我还能做出点更好玩的吗？	分享我的作品是否讲清楚了？	帮助别的小朋友了吗？	和别的小朋友合作了吗？
☆ ☆ ☆ ☆ ☆	☆ ☆ ☆ ☆ ☆	☆ ☆ ☆ ☆ ☆	☆ ☆ ☆ ☆ ☆	☆ ☆ ☆ ☆ ☆

下章剧透

开学一个星期了，菜菜还是找不着北，经常迷路，最倒霉的是每次都被杜帅撞见，免不了被冷嘲热讽一顿。她有点苦恼，趴在桌上打不起精神。

忽然一个温暖的声音响起："菜菜，你怎么了，不舒服吗？" 菜菜抬头一看，原来是贾英雄，便竹筒倒豆子一般诉说了自己的苦恼。贾英雄听了，认真地替菜菜想着办法。

还没等想出来，上课铃声响了，于是大家赶快回座位坐好。

"听说我们班有个同学问路都问到校长那去了，今天就教大家制作一个数字指北针，有了它就不用再担心迷路了！" 派森教授望着菜菜温和地讲道。

第六章
数字指北针

魔法技能

1. 了解什么是指南针传感器（磁场传感器）；

2. 知道在使用指南针传感器前要校正指南针，并能利用指南针传感器解决生活中的一些小问题；

3. 学会优化使用指南针传感器；

4. 学会熟练应用逻辑"与""或"。

魔法修炼

认识魔法卡片

图 6-1　指南针模块

表6-1　图6-1中各模块的功能

	"指南针校正"魔法卡，由于所处空间会存在磁场干扰，设备在应用指南针传感器时都需要校正
指南针方向	"指南针"魔法卡，读取板卡（USB插头方向）与磁场正北方之间的夹角度数（0°~359°），0°代表板卡的USB口指向正北方
指南针磁场强度	"磁场探测"魔法卡，读取磁场强度

"一块小小的micro:bit板如何能正确显示北方呢？原来在micro:bit板上自带指南针传感器（也叫磁场传感器），它可以检测磁场方向和强度。对于地球磁场，指南针可以有效地指示地理北极附近（地理北极实际上是地磁南极）。"

闯关一：探秘指南针传感器

要想让bit板获得辨别方向的能力，关键是要掌握指南针传感器的数据特点，并有针对性地应用。

想一想：

"说了半天，那我们到底如何利用指南针传感器辨别方向呢？"

试一试：

"我们可以利用前面学到的滚动消息，显示出指南针传感器测量出的数据，再来研究到底有什么秘密，赶快试一试吧！"

表6-2　指南针测数据

	指南针校正，用变量fangxiang存储指南针方向的值
	滚动显示变量fangxiang

秀一秀：

 "运行程序后，如图6-2所示，如果将bit板的USB接口方向正对北面，此时显示数据为0，由此我们可以发现转到90°时是正东，转到180°时是正南，转到270°时是正西。"

N（0°）

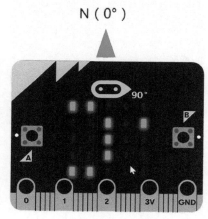

图6-2　指北示意图

闯关二：制作数字指北针

知道了对应方向的数字规律，我们就可以制作简易版数字指北针了。

想一想：

 "有了一堆数字，跟判断方向有什么关系呢？"

"我们可以把指南针显示的0°～359°分成4个区域，每个区域跨度为90°。也就是在315°～359°和0°～45°显示北，用N表示；45°～135°显示东，用E表示；同样的原理可以显示出南和西，这样bit板就能指示方向了！"

试一试：

表6-3　指北针程序1

程序	说明
校正指南针 一直重复 执行　将变量 x 设定为　指南针方向	指南针校正，用变量x存储指南针方向的值
如果　x ≥ 315 或 x ≤ 45 执行　显示图像/文本　"N"	如果x≥315或x≤45，点阵显示N
否则如果　x > 45 和 x ≤ 135 执行　显示图像/文本　"E"	如果135≥x>45，点阵显示E
否则如果　x > 135 和 x ≤ 225 执行　显示图像/文本　"S"	如果225≥x>135，点阵显示S
否则　显示图像/文本　"W"	如果x不在以上范围内，则显示W

秀一秀：

"按照上面的做法，下载程序后，我的bit板确实就能指示方向了，但是不怎么准确哦！"

闯关三：开启程序优化之旅

在刚才的案例中，每一个方向的跨度有90°，如果我们恰好在北偏东45°的位置，那么bit板一会儿显示北一会儿显示东的，这样在真实的应用中实在太不准确了。

想一想：

"判断不准的原因是每个方向的跨度大了，那么我们把这个跨度缩小一点，判断就会准一点啦。"

试一试：

"菜菜，你的脑子终于开窍了。接下来，教一下你如何将每一个方向的跨度减小，如果在跨度以外，则表示'菜菜还是找不着北'，显示一个困惑图像。"

表6-4　指北针程序2

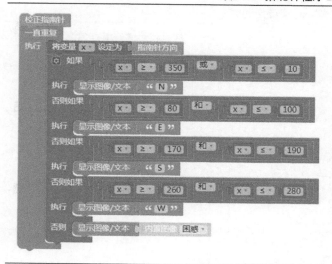

	指南针校正，用变量x存储指南针方向的值
	如果x≥350或x≤10，点阵显示N
	x在对应值域，点阵显示对应的字母代表方向
	如果x不在以上范围内，则显示困惑图像

秀一秀：

"就是这么简单，赶快下载到bit板上看看结果吧！针对这个程序，你还有其他优化方式吗？"

发动新技能：

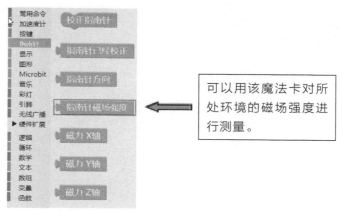

可以用该魔法卡对所处环境的磁场强度进行测量。

图 6-3　指南针磁场强度模块

头脑风暴：

"从此以后，我可以大声宣布，我再也不会找不着北了。"

"如图6-3所示，在指南针中，还有 指南针磁场强度 这样一个模块，这个模块的使用方法应该和指南针相似吧。"

"是的，用法上差不多。先确定在不同环境下，它显示的数据是多少，再请大家打开脑洞，想想利用这样一个模块还能做出什么好玩的实验，又或是有趣的小作品。"

魔法积累

我学到了_____

_____

派森教授有话说

制作过程中你碰到了什么困难：

_____

_____

_____

你是怎么解决的：

_____

_____

你对自己的评价：

例子都做会了吗？	我还能做出点更好玩的吗？	分享我的作品是否讲清楚了？	帮助别的小朋友了吗？	和别的小朋友合作了吗？
☆ ☆ ☆ ☆ ☆	☆ ☆ ☆ ☆ ☆	☆ ☆ ☆ ☆ ☆	☆ ☆ ☆ ☆ ☆	☆ ☆ ☆ ☆ ☆

下章剧透

"呼叫悠悠，呼叫悠悠。" 菜菜专注地对着 bit 板喊道。全然没有注意到悠悠已经悄悄地站在她的身后老半天了。悠悠猛地一下用力拍在菜菜的肩膀上。

"哈哈，看来你的魔法传输有问题啊！我两分钟前就用魔法给你的 bit 板发了消息，约你一起出去吃好吃的，等了半天都没回复，于是就过来看你了，原来你还在折腾啊！"

"我收到了你发的信息，可就是不知道回信发出去了没有，这不我一直在呼叫你呢。"菜菜揉了揉被拍痛的肩膀，愣愣地看着悠悠，神情沮丧地说道。

"菜菜别急，我们去找派森教授，让他教教你这个新魔法吧！"

第七章
魔法传信息

魔法技能

1. 完成无线广播信息的发送与接收；

2. 做到在指定的 bit 板之间进行无线信息传输；

3. 可以按一次按钮只发一条信息；

4. 学会使用"顺序结构、选择结构、循环结构"。

魔法修炼

认识魔法卡片

图 7-1　无线广播模块

表7-1　图7-1中各模块的功能

打开无线广播	"启动无线广播"魔法卡
关闭无线广播	"关闭无线广播"魔法卡
配置无线广播消息长度 32 最大队列数量 3 信道 7 广播功率 0 数据速率 1Mbit	"无线广播"魔法卡，设置无线广播功能的基本参数
发送消息 " Some text "	"发送消息"魔法卡，利用无线广播功能发送一个字符串
接收消息	"接收无线广播信息"魔法卡

"看不见的无线电波（一种类似可见光的电磁辐射）通常可以跨越数百万千米的距离在空中传送音乐、谈话、图片和数据——这种无线电波每天都以成千上万种不同的方式进行传输！任何无线电装置都由两部分组成：发射器、接收器。

无线电波通过发射机进行调制，以使信息能够被编码到无线电波上，然后发射出去。当无线电波遇到电导体（即天线）时，它们会产生交流电，接收机就可以从波中提取出信息，并将其转换回原来的形式。"

闯关一：姓名发发发

菜菜想用bit板发送自己的名字，让其他的同学都能收到这个信息，这该如何完成呢？

想一想：

"要想使用无线广播功能发送信息，嗯，首先要打开无线广播功能然后通过初始化设置让bit板做好准备。再接下来就需要不停地检查A键是否被按下了，如果被按下了就要发送出你的名字啦。"

试一试：

"菜菜、悠悠！你们俩还在等什么？快去编程试试啊。"

表7-2　无线广播传消息

打开无线广播 配置无线广播消息长度 32 最大队列数量 3 信道 0 广播功率 5 数据速率 1Mbit	让无线发射功能做好准备
一直重复 执行　如果　按键 A 已经按下 执行　发送消息 "Cai" 显示图像/文本　内置图像 箭头-北 睡眠 1000 毫秒	如果按下按键 "A"，就发射我们自己填写的字符串，然后显示一个箭头，再暂停1s
	显示屏幕清理干净
清除显示内容 将变量 ss 设定为 接收消息	把收到的信息保存到变量ss中
如果 ss 执行　滚动消息 ss	如果收到信息，就滚动显示出来

秀一秀:

"哇！真有效，我发的名字其他同学真的能够收到啊！"

表7-3　显示图像模块和暂停模块

	显示图像/文本　内置图像 箭头-北 睡眠 1000 毫秒

　　特别注意这两个模块的作用：

　　由于程序本身是反复执行的，而且程序重复执行的速度非常快，如果没有这两个模块，当我们按下A键再松开的时候，程序可能已经重复多次发送"Cai"这个字符串，这样会导致接收到信息的同学产生错误的理解。

　　为了解决这个问题，我们加上了显示图像模块和暂停模块，从程序运行的过程来看，当发送了字符串"Cai"后，micro:bit板会显示一个向上的箭头，然后程序暂停1s，此时同学们看到箭头就会知道字符串已经发送出去了，然后松开按键。如此一来当程序再次运行到这里时，由于按键已经松开，就不会出现同一个字符串被反复发送的情况了

　　如果不要表7-3中的代码块会怎么样？快去试试吧。

原来会这样：_____

_____

_____

闯关二：悄悄话慢慢讲

菜菜发的信息同学们都看见了，但是菜菜只想发给悠悠，不想让其他人看见，该怎么做呢？

想一想：

"无线广播初始化模块中有个信道功能，这个是不是可以解决悄悄话的问题？对！处在同一个信道里面的bit板都能都收到彼此发出的神秘信息，而其他的板就不能收到了。程序的其他部分都不用改，与'闯关一'相同。"

试一试：

"悠悠，我们快去试试吧。"

表7-4　秘密传输无线广播

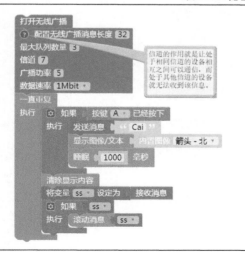

信道的作用就是让处于相同信道的设备相互之间可以通信，而处于其他信道的设备就无法收到该信息。

与第一个活动最大的区别就是增加了信道，解决了秘密传输消息的需求

特别提示：
信道能够选择的值
为 0 ～ 100。

秀一秀：

"YES！成功了，好开心啊！"

闯关三：遥控小夜灯

学了一天，真累啊，回到寝室天都黑了，菜菜摸索了半天也没有找到墙上的灯开关，苦恼极了。悠悠安慰菜菜说，"来我们用今天学到的新魔法做一个遥控小夜灯吧。"菜菜说："把你的bit板挂房顶上，按一下我的bit的A键让的bit你板上的灯全亮，再按一下我的bit板上的B键让你的bit板上的灯全灭，这样就能做一个遥控的小夜灯。"这可怎么做呢？同学们快来帮菜菜和悠悠设计设计吧。

想一想：

"这一次由于需要用菜菜的板控制悠悠板上的灯，一个专门发射信息，一个专门接收信息，所以两个板上的魔法代码是不一样的。"

试一试：

"菜菜快点做吧，做好了明天就不用摸黑了。"

表7-5　魔法遥控灯发射端

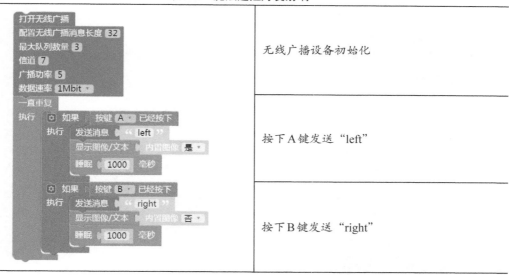

	无线广播设备初始化
	按下A键发送"left"
	按下B键发送"right"

表7-6　魔法遥控灯接收端

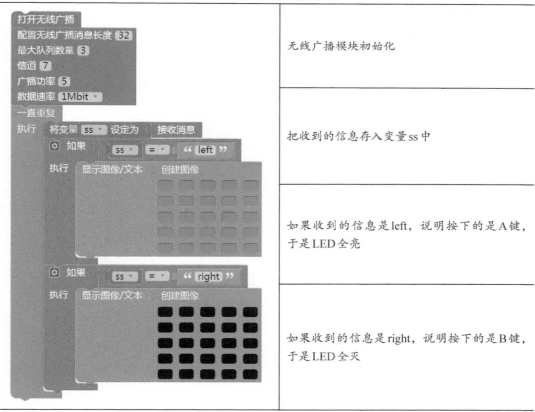

	无线广播模块初始化
	把收到的信息存入变量ss中
	如果收到的信息是left，说明按下的是A键，于是LED全亮
	如果收到的信息是right，说明按下的是B键，于是LED全灭

秀一秀：

"效果真不错啊！以后再也不用为开关灯烦恼了！"

魔法积累

我学到了＿＿＿＿＿＿＿＿＿＿＿＿＿＿＿＿＿＿＿＿＿＿＿

＿＿＿＿＿＿＿＿＿＿＿＿＿＿＿＿＿＿＿＿＿＿＿＿＿＿＿＿

派森教授有话说

制作过程中你碰到了什么困难：

＿＿＿＿＿＿＿＿＿＿＿＿＿＿＿＿＿＿＿＿＿＿＿＿＿＿＿＿

＿＿＿＿＿＿＿＿＿＿＿＿＿＿＿＿＿＿＿＿＿＿＿＿＿＿＿＿

你是怎么解决的：

＿＿＿＿＿＿＿＿＿＿＿＿＿＿＿＿＿＿＿＿＿＿＿＿＿＿＿＿

＿＿＿＿＿＿＿＿＿＿＿＿＿＿＿＿＿＿＿＿＿＿＿＿＿＿＿＿

你对自己的评价：

例子都做会了吗？	我还能做出点更好玩的吗？	分享我的作品是否讲清楚了？	帮助别的小朋友了吗？	和别的小朋友合作了吗？
☆☆☆☆☆	☆☆☆☆☆	☆☆☆☆☆	☆☆☆☆☆	☆☆☆☆☆

下章剧透

教室里面，大家正在为期末考试准备着，突然传来一段美妙的音乐，大家循声望去，原来是派森教授的bit板播放的。"请问教授，您的bit板是怎么发出声音的，我们也能做到吗？"菜菜问道。

"可以，不过……"

"不过什么，教授你快说啊！"

"大家的bit板上没有扬声器，如果想让bit板发出美妙的声音，不但需要学习各种音乐魔法卡，还要准备小·喇叭（扬声器），当然接上耳机也行。"

"太好了！太好了！太好了！我们可以自己编奏曲子呢。小·伙伴们：还在等什么吗？赶紧拿起你的bit板来编一首曲子吧。"

魔法技能

1. 让bit板随机播放内置音乐；

2. 和伙伴们配合默契地用bit板演奏音乐；

3. 利用bit板的音乐模块编辑一首歌曲；

4. 使用数组创建列表。

魔法修炼

认识魔法卡片

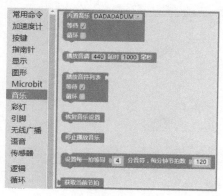

图 8-1　音乐模块

表8-1 图8-1中各模块功能

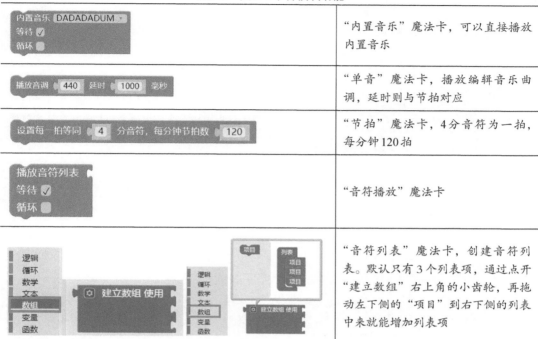	"内置音乐"魔法卡，可以直接播放内置音乐
	"单音"魔法卡，播放编辑音乐曲调，延时则与节拍对应
	"节拍"魔法卡，4分音符为一拍，每分钟120拍
	"音符播放"魔法卡
	"音符列表"魔法卡，创建音符列表。默认只有3个列表项，通过点开"建立数组"右上角的小齿轮，再拖动左下侧的"项目"到右下侧的列表中来就能增加列表项

呆哥开讲啦

"要想让bit板发出声音，首先要把两个鳄鱼夹分别连到0脚和GND脚，再把鳄鱼夹连到小扬声器或耳机插头的正负极上，编好程序，就可以听到声音了。图8-2中的连接方法选用一种即可。"

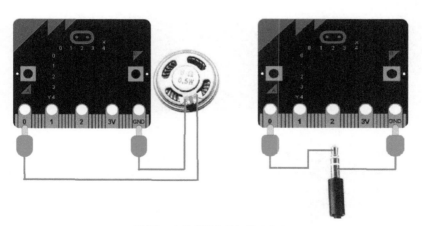

图8-2 小扬声器和耳机插头接法

闯关一：音乐卡片

派森教授的生日快要到了，大家一起给他制作一个音乐贺卡吧。

表8-2　音乐贺卡程序代码

	当按键A被按下时，bit板会自动播放生日快乐主题旋律

秀一秀：

派森教授打开孩子们做的一张张生日贺卡，听着音乐开心极了。

闯关二：bit 板乐队

随着聚集起来的同学不断增多，派森教授开始教大家如何在已经学会的技能基础上合奏一曲；每一位同学只发出一个音调，那么我们需要7位同学才能编一首完整的曲谱。于是在一阵嘈杂的自荐声中，杜帅、菜菜、贾英雄、悠悠、霞霞、松松和呆哥组成了一支乐队。

"我们平时发出的'do''re''mi''fa''sol''la''xi'可通过设置bit板的发声频率来实现。可以看图8-3了解频率和音符的对应关系。"

表8-3　编辑音乐曲调

	按键A被按下后，bit板发出中音do且持续1000ms；同理，按键B被按下后，则发出高音do，持续1000ms。如果需要编辑其他音调，同学们查看图8-3中每个音调对应的频率即可

想一想：

"大要注意配合默契，这样音乐才会更加完美。"

秀一秀：

"英雄、悠悠……快来，我们7个人每人发出一种音调，然后合奏一首歌曲怎么样？"

"我们一起来演奏一段《小星星》吧，简谱是：1 1 | 5 5 | 6 6 | 5 - | 4 4 | 3 3 | 2 2 | 1 - |"

"真的很好玩呢，我就表演 '6' 吧。"

试一试：

"说来真不好意思，第一次和大家合作，感觉还是挺愉快的，看来以前的我是不是有点太不合群了。"

	do	re	mi	fa	sol	la	xi
	C	D	E	F	G	A	B
低音频率	131	147	165	175	196	220	247
中音频率	262	294	330	349	392	440	494
高音频率	523	587	659	698	784	880	988

图 8-3　音符与频率的对应关系

闯关三：单曲我会编

"刚才大家亲密无间地合作，成功地演奏了一首乐曲，如果我们想用bit板做个独奏表演该怎么做呢？"

想一想：

"我觉得是不是把刚才我们演奏的每一个单独的音符（见图8-3），按照一定的顺序放到一个程序里面就可以了？"

试一试：

"松松，你说得很有道理啊！经过这段时间的学习，你可进步了不少。我要去编个新的歌曲，《两只老虎》怎么样？你可以按照下面的谱子来编，也可以按照图8-4中的音符顺序去编写。"

两只老虎（简谱）$1=C \dfrac{4}{4}$

---

1 2 3 1|1 2 3 1|3 4 5-|3 4 5-|5.6 5.4 3 1|5.6 5.4 3 1|1 5 1-|1 5 1-|

秀一秀：

"哇，唱得挺好呢，而且修改一下杜帅编写的程序，我们还会发出不同的音调并控制声音的长短，变成不同的歌曲。"

图 8-4　《两只老虎》的曲调

"其实除了这种用频率来编写的方式以外，还可以用'音名:音长'的方式来编写。比如《两只老虎》的第一小节'1231'

c4:4：c4就是'1'，冒号后面的4代表音长，表示4个四分音符的发音时长。

设置每一拍等同 4 分音符，每分钟节拍数 120

关于节拍和每拍用什么音符，用这个魔法卡来设置。"

"明白了，如果要用音符名来编曲子，可以只用一个'播放音符列表'魔法卡，然后把数组建得很长。不过我观察发现音乐中很多小节是重复的，于是就耍了一个小聪明，一个小节用一个'播放音符列表'魔法卡，这样相同的小节就可以直接复制、粘贴啦（见图8-5）。"

图 8-5 《两只老虎》的音符版

魔法积累

我学到了 _____

_____

 派森教授有话说

制作过程中你碰到了什么困难：

_____

_____

_____

你是怎么解决的：

_____

_____

_____

你对自己的评价：

例子都做会了吗？	我还能做出点更好玩的吗？	分享我的作品是否讲清楚了？	帮助别的小朋友了吗？	和别的小朋友合作了吗？
☆ ☆ ☆ ☆ ☆	☆ ☆ ☆ ☆ ☆	☆ ☆ ☆ ☆ ☆	☆ ☆ ☆ ☆ ☆	☆ ☆ ☆ ☆ ☆

魔法学校结束篇

音乐嘉年华圆满落幕，大家都很开心，唯独派森教授心事重重。只见他缓缓走上讲台，清了清嗓子，郑重地宣布道：

"亲爱的同学们，下个学期我要离开大家一段时间，不能经常和大家待在一起，不过我会在网上和大家视频交流，为了不影响大家的学业，我为大家请了一位数字教师——bit机器人！"

"bit，和同学们打个招呼吧！"

"同学们好，我是派森教授的助教bit，是一个像"大白"一样温暖的数字化产物，很高兴见到大家，接下来的魔法学习之旅，将由我陪伴大家，这是参观我家——也是我的魔法实验室的邀请函。"

bit晃动着自己的小身躯将邀请函分发给了同学们，同学们先是震惊，继而忧伤于派森教授的离去，看到bit的出现，没人有办法抗拒这家伙身上投射出来的亲切感，就连一向对陌生人很冷傲的杜帅也破天荒地对着bit扯了扯嘴角，露出了笑容。

"我会在家里给大家准备好小点心和茶水的！"bit又补充了一句。

菜菜有些激动地打开了邀请函，美妙的音乐倾泻而出，邀请函上滚动显示着："亲爱的菜菜，你强烈的好奇心和探索新鲜事物的热情常常让我感动，接下来的学习会越来越有趣，希望你能够在我的魔法实验室里继续探索，学习愉快！"

附录

第一章代码

模块代码

重复 10 次 执行	for count in range(10):
一直重复 执行	while True
显示图像/文本 内置图像 心形	display.scroll('Hello, World!')
" "	' '
滚动消息 " Hello, World! "	display.show(Image.HEART)

闯关一代码：

```
from microbit import *
display.show('CAI CAI 11')
from microbit import *
display.scroll('CAI CAI 11')
```

闯关二代码：

```
from microbit import *
display.scroll('CAI CAI 11')
display.show(Image.BUTTERFLY)
```

闯关三代码：

```
from microbit import *
for count in range(3):
    display.scroll('CAI CAI 11')
    display.show(Image.BUTTERFLY)
from microbit import *
while True:
```

```
display.scroll('CAI CAI 11')
display.show(Image.BUTTERFLY)
```

第二章代码

模块代码

设置第 X 列 `0` Y 行 `0` LED 的亮度到 `9`	display.set_pixel(0, 0, 9)
清除显示内容	display.clear()
睡眠 `1000` 毫秒	sleep(1000)
使用 `i` 从范围 `1` 到 `10` 每隔 `1` 执行	for i in range(1, 10): pass
`i`	i

闯关一代码：

```
from microbit import *
display.set_pixel(0, 0, 0)
display.set_pixel(0, 1, 1)
display.set_pixel(0, 2, 2)
display.set_pixel(0, 3, 3)
display.set_pixel(0, 4, 4)
```

闯关二代码：

```
from microbit import *
while True:
  display.set_pixel(0, 0, 9)
  sleep(200)
  display.clear()
  display.set_pixel(1, 0, 9)
  sleep(200)
  display.clear()
  display.set_pixel(2, 0, 9)
  sleep(200)
```

```
display.clear()
display.set_pixel(3, 0, 9)
sleep(200)
display.clear()
display.set_pixel(4, 0, 9)
sleep(200)
display.clear()
```

闯关三代码：

代码一：

```
from microbit import *
while True:
  display.set_pixel(0, 0, 9)
  sleep(100)
  display.set_pixel(0, 0, 8)
  sleep(100)
  display.set_pixel(0, 0, 7)
  sleep(100)
  display.set_pixel(0, 0, 6)
  sleep(100)
  display.set_pixel(0, 0, 5)
  sleep(100)
  display.set_pixel(0, 0, 4)
  sleep(100)
  display.set_pixel(0, 0, 3)
  sleep(100)
  display.set_pixel(0, 0, 2)
  sleep(100)
  display.set_pixel(0, 0, 1)
  sleep(100)
  display.set_pixel(0, 0, 0)
  sleep(100)
```

代码二：

```
from microbit import *
i = None
while True:
  for i in range(9, -1, -1):
    display.set_pixel(0, 0, i)
    sleep(100)
```

第三章代码

模块代码

按键 A 已经按下	button_a.is_pressed()
按键 A 曾经按下	button_a.was_pressed()
按键 A 按下过的次数	button_a.get_presses()
如果 执行	if false: pass

闯关一代码：

```
from microbit import *
while True:
  if button_a.is_pressed():
display.show(Image.RABBIT)


from microbit import *
while True:
  if button_a.is_pressed():
    display.show(Image.RABBIT)
  else:
display.clear()


from microbit import *
while True:
  if button_a.is_pressed():
    display.show(Image.RABBIT)
  elif button_a.was_pressed():
    display.show(Image.TORTOISE)
  elif button_a.is_pressed():
display.show(Image.DUCK)
  elif button_a.was_pressed():
    display.show(Image.COW)
```

闯关二代码：

```
from microbit import *
sleep(1000)
display.scroll((str(button_a.get_presses())))
```

闯关三代码：

```
from microbit import *
while True:
  if button_a.is_pressed():
    display.show('CC')
    sleep(5000)
  if button_b.is_pressed():
    display.show('YY')
    sleep(5000)
```

第四章代码

模块代码：

加速度计 X 轴	accelerometer.get_x()
加速度计 Y 轴	accelerometer.get_y()

闯关一代码：

```
from microbit import *
n = None
while True:
  n = accelerometer.get_x()
  display.scroll((str(n)))
  sleep(200)
```

闯关二代码：

```
from microbit import *
n = None
while True:
  n = accelerometer.get_x()
  if n < -500:
    display.clear()
    display.set_pixel(0, 2, 9)
```

```
    elif n < -100 and n >= -500:
      display.clear()
      display.set_pixel(1, 2, 9)
    elif n >= -100 and n <= 100:
      display.clear()
      display.set_pixel(2, 2, 9)
    elif n <= 500 and n > 100:
      display.clear()
      display.set_pixel(3, 2, 9)
    elif n > 500:
      display.clear()
display.set_pixel(4, 2, 9)
```

闯关三代码：

```
from microbit import *
y = None
x = None
while True:
  x = accelerometer.get_x()
  y = accelerometer.get_y()
  if x >= 200:
    if y >= 200:
      display.show(Image("00000:00000:00099:00999:00999"))
    if y < 200 and y > -200:
      display.show(Image("00000:00999:00999:00999:00000"))
    if y <= -200:
      display.show(Image("00999:00999:00099:00000:00000"))
  if x < 200 and y > -200:
    if y >= 200:
      display.show(Image("00000:00000:09990:09990:09990"))
    if y < 200 and y > -200:
      display.show(Image("00000:09990:09990:09990:00000"))
    if y <= -200:
      display.show(Image("09990:09990:09990:00000:00000"))
  if x <= -200:
    if y >= 200:
      display.show(Image("00000:00000:99000:99910:99900"))
    if y < 200 and y > -200:
      display.show(Image("00000:99900:99900:99900:00000"))
    if y <= -200:
      display.show(Image("99900:99900:99000:00000:00000"))
```

第五章代码

模块代码

发生过手势 摇晃	accelerometer.was_gesture("shake")
发生手势 摇晃	accelerometer.is_gesture("shake")
显示图像/文本 内置图像 心形	display.show(Image.HEART)
创建图像	Image("00000:00000:00000:00000:00000")
从 1 到 6 之间的随机整数	random.randint(1, 6)

闯关一代码：

```
from microbit import *
while True:
if accelerometer.is_gesture("shake"):
display.show(Image.HAPPY)
sleep(500)
else:
display.show(Image.SAD)
```

闯关二代码：

发生手势：

```
from microbit import *
import random
i = None
while True:
  if accelerometer.is_gesture("shake"):
    i = random.randint(1, 6)
    if i == 1:
      display.show(Image("00000:00000:00900:00000:00000"))
    if i == 2:
```

```
        display.show(Image("00000:00900:00000:00900:00000"))
      if i == 3:
        display.show(Image("00000:00900:00900:00900:00000"))
      if i == 4:
        display.show(Image("00000:09090:00000:09090:00000"))
      if i == 5:
        display.show(Image("00000:09090:00900:09090:00000"))
      if i == 6:
        display.show(Image("09090:00000:09090:00000:09090"))
```

发生过手势：

```
from microbit import *
import random
i = None
while True:
    if accelerometer.was_gesture("shake"):
      i = random.randint(1, 6)
      if i == 1:
        display.show(Image("00000:00000:00900:00000:00000"))
      if i == 2:
        display.show(Image("00000:00900:00000:00900:00000"))
      if i == 3:
        display.show(Image("00000:00900:00900:00900:00000"))
      if i == 4:
        display.show(Image("00000:09090:00000:09090:00000"))
      if i == 5:
        display.show(Image("00000:09090:00900:09090:00000"))
      if i == 6:
        display.show(Image("09090:00000:09090:00000:09090"))
```

闯关三代码：

```
from microbit import *
while True:
  if accelerometer.is_gesture("up"):
    display.show(Image.ARROW_N)
  if accelerometer.is_gesture("down"):
    display.show(Image.ARROW_S)
  if accelerometer.is_gesture("left"):
    display.show(Image.ARROW_W)
  if accelerometer.is_gesture("right"):
    display.show(Image.ARROW_E)
  if accelerometer.is_gesture("face up"):
    display.show(Image.XMAS)
  if accelerometer.is_gesture("face down"):
    display.show(Image.PACMAN)
```

第六章代码

模块代码

校正指南针	compass.calibrate()
指南针方向	compass.heading()
指南针磁场强度	compass.get_field_strength()

闯关一代码：

```
from microbit import *
fangxiang = None
compass.calibrate()
while True:
  fangxiang = compass.heading()
  display.scroll((str(fangxiang)))
```

闯关二代码：

```
from microbit import *
x = None
compass.calibrate()
while True:
  x = compass.heading()
  if x >= 315 or x <= 45:
    display.show('N')
  elif x > 45 and x <= 135:
    display.show('E')
  elif x > 135 and x <= 225:
    display.show('S')
  else:
display.show('W')
```

闯关三代码：

```
from microbit import *
x = None
compass.calibrate()
while True:
  x = compass.heading()
  if x >= 350 or x <= 10:
    display.show('N')
```

```
  elif x >= 80 and x <= 100:
    display.show('E')
  elif x >= 170 and x <= 190:
    display.show('S')
  elif x >= 260 and x <= 280:
    display.show('W')
  else:
display.show(Image.CONFUSED)
```

第七章代码

模块代码

打开无线广播	radio.on()
关闭无线广播	radio.off()
配置无线广播消息长度 32 最大队列数量 3 信道 7 广播功率 0 数据速率 1Mbit	radio.config(length=32, queue=3,channel=7, power=0, data_rate=radio.RATE_1MBIT)
发送消息 " Some text "	radio.send('Some text')
接收消息	radio.receive()

闯关一代码:

```
import radio
from microbit import *
ss = None
radio.on()
radio.config(length=32,queue=3,channel=0,power=5, data_rate=radio.RATE_1MBIT)
while True:
  if button_a.is_pressed():
    radio.send('Cai')
    display.show(Image.ARROW_N)
    sleep(1000)
  display.clear()
  ss = radio.receive()
```

```
    if ss:
display.scroll(ss)
```

闯关二代码：

```
import radio
from microbit import *
ss = None
radio.on()
radio.config(length=32,queue=3, channel=7, power=5, data_rate=radio.RATE_1MBIT)
while True:
  if button_a.is_pressed():
    radio.send('Cai')
    display.show(Image.ARROW_N)
    sleep(1000)
  display.clear()
  ss = radio.receive()
  if ss:
display.scroll(ss)
```

闯关三代码：

发射端：

```
import radio
from microbit import *
ss = None
radio.on()
radio.config(length=32,queue=3,channel=7,power=5, data_rate=radio.RATE_1MBIT)
while True:
  if button_a.is_pressed():
    radio.send('left')
    display.show(Image.YES)
    sleep(1000)
  if button_b.is_pressed():
    radio.send('right')
    display.show(Image.YES)
sleep(1000)
```

接收端：

```
import radio
from microbit import *
ss = None
radio.on()
radio.config(length=32,queue=3,channel=7,power=5, data_rate=radio.RATE_1MBIT)
```

```
while True:
  ss = radio.receive()
  if ss == 'left':
    display.show(Image("99999:99999:99999:99999:99999"))
  if ss == 'right':
    display.show(Image("00000:00000:00000:00000:00000"))
```

第八章代码

模块代码

内置音乐 DADADADUM 等待 ☑ 循环 ☐	music.play(music.DADADADUM,pin0,wait=True, loop=False)
播放音调 440 延时 1000 毫秒	music.pitch(440,1000,pin0)
设置每一拍等同 4 分音符，每分钟节拍数 120	music.set_tempo(4, 120)
播放音符列表 等待 ☑ 循环 ☐	music.play(pin0,wait=True,loop=False)

闯关一代码

```
from microbit import *
while True:
  if button_a.is_pressed():
    music.play(music.BIRTHDAY, pin0, wait=True, loop=False)
```

闯关二代码

```
from microbit import *
while True:
  if button_a.is_pressed():
    music.pitch(262, 1000, pin0)
  if button_b.is_pressed():
music.pitch(523, 1000, pin0)
```

闯关三代码

```
from microbit import *
music.play(['c4:4', 'd4:4', 'e4:4', 'c4:4'],pin0, wait=True, loop=False)
music.play(['c4:4', 'd4:4', 'e4:4', 'c4:4'],pin0, wait=True, loop=False)
```

```
music.play(['e4:4', 'f4:4', 'g4:8'],pin0, wait=True, loop=False)
music.play(['e4:4', 'f4:4', 'g4:8'],pin0, wait=True, loop=False)
music.play(['g4:3', 'a4:1', 'g4:3', 'f4:1', 'e4:4', 'c4:4'],pin0, wait=True,
loop=False)
music.play(['g4:3', 'a4:1', 'g4:3', 'f4:1', 'e4:4', 'c4:4'],pin0, wait=True,
loop=False)
music.play(['c4:4', 'g4:4', 'c4:8'],pin0, wait=True, loop=False)
music.play(['c4:4', 'g4:4', 'c4:8'],pin0, wait=True, loop=False)
```